新雅·知識館

一本書的誕生

作者：貝琪·戴維斯（Becky Davies）

繪者：派翠西亞·胡（Patricia Hu）

翻譯：葉楚溶

責任編輯：潘曉華

美術設計：劉麗萍

出版：新雅文化事業有限公司

香港英皇道 499 號北角工業大廈 18 樓

電話：(852) 2138 7998

傳真：(852) 2597 4003

網址：http://www.sunya.com.hk

電郵：marketing@sunya.com.hk

發行：香港聯合書刊物流有限公司

香港荃灣德士古道 220-248 號荃灣工業中心 16 樓

電話：(852) 2150 2100

傳真：(852) 2407 3062

電郵：info@suplogistics.com.hk

印刷：中華商務彩色印刷有限公司

香港新界大埔汀麗路 36 號

版次：二〇二四年三月初版

ISBN: 978-962-08-8332-3

Originally published in the English language as *How to Make a Book* by Little Tiger,

an imprint of Little Tiger Press Limited, 1 Coda Studios, 189 Munster Road, London SW6 6AW

Text copyright © Little Tiger Press Limited 2021

Illustrations copyright © Patricia Hu 2021

Patricia Hu has asserted her right to be identified as the illustrator of this work under the

Copyright, Designs and Patents Act, 1988

Traditional Chinese Edition © 2024 Sun Ya Publications (HK) Ltd.

18/F, North Point Industrial Building, 499 King's Road, Hong Kong

Published in Hong Kong SAR, China

Printed in China

一本書的誕生

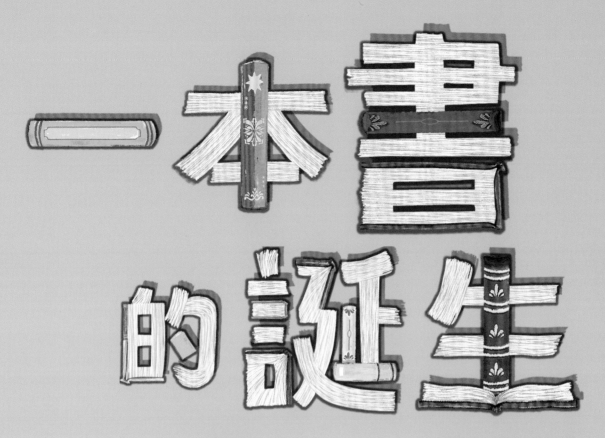

貝琪‧戴維斯　著

派翠西亞‧胡　繪

新雅文化事業有限公司
www.sunya.com.hk

然後，作者開始寫作。這個過程可能需要一段長時間，讓作者較容易應付。

當作者對自己的寫作內容感到滿意，她就會將稿子交給出版社。如果作者有一位代理人，代理人會先給予意見，再代表作者將稿子交給出版社。

接下來，就是焦急的等待，直至……
收到電郵回覆！

禮貌的拒絕

成功！

另一個回覆
（有很多拒
絕的情況）

其中一間出版社對作者的想法感興趣。

作者開心得跳起舞
來，然後馬上聯絡
編輯。

這是編輯。

如果刪去那些
龍……你認為
怎樣？

嗯，可以這
樣做的！

作者寫了另一份草稿，編輯便可以跟他出版社的團隊分享這個
精彩的構思了。耶！

編輯在下一次的選題會議上介紹這份投稿。

這本書在出版團隊中獲得一致好評！所以作者得到了一份合約。

如果作者有代理人，他會代表作者與出版社商議合約。

商議的事項有很多，例如作者能獲得多少本免費樣書。

還有作者將會獲得多少報酬。

作者仔細閱讀合約，再經過與出版社的一番商議後，在合約上簽名。

簽約完成！作者和編輯都雀躍起來，朝向目標進發！

現在編輯重新審閱稿子，看看它能不能變得更好。如何能做到呢？
編輯提出：

有用的建議 ☑
結構上的構思 ☑
正面的讚賞 ☑

然後，他把修改建議寄給作者，還附帶一盒曲奇餅……

作者接納了一些建議和所有曲奇餅。

作者和編輯輪流審閱文字。他們的意見不是完全一致的，但會交流想法以找出最佳的處理方案。作者重寫和改進，直至……

你認為我們需要更多誇張的劇情嗎？

我認為寫出實況對這本書來說是重要的。或者我們可以增添一隻有趣的小狗作為點綴？

同意！

最後，他們都很高興。這將會成為一本暢銷書！他們又雀躍起來了！
現在來說說美術設計吧！

美術設計會議正在進行中。

6

現在設計師負責將這個精彩的構思變成現實。她請畫家提供
一個試畫的樣本，確保畫家是適合的人選。

設計師向畫家分享了她的想法……

人物表情可以畫
得友善些嗎？

它的顏色有點
太鮮艷了。

可愛的小貓！

然後，將這些東西和團隊裏更多的成員分享。

如果所有人都喜歡試畫樣本，畫家就會得到一份合約。如果畫家有一位代理人，
代理人會代表畫家與出版社商議合約和交畫稿的時間表。現在這個夢幻團隊組成
了。每個人都開心得手舞足蹈！

怎樣將精彩的創意變成一本精彩的圖書，設計師和畫家都分享了他們的看法。
現在是時候做一個故事板了！他們決定了這些東西……

顏色（調色盤）

版面和操作

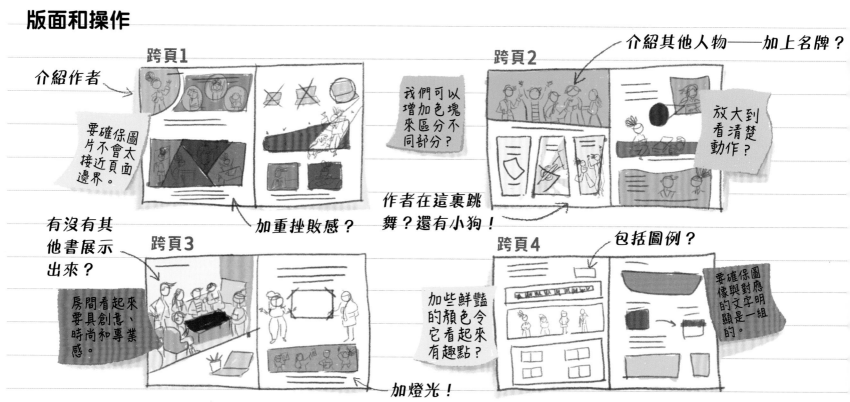

畫家有這份內容概要後，就可以開始工作了。

這是一個漫長的過程。
畫家繪畫草圖⋯⋯

然後，她填上顏色。

這位畫家用她的電腦來繪圖，但有些畫家仍以傳統方法手繪插圖。

在每個階段，設計師都會跟團隊分享插圖，
並將意見回覆畫家。

編輯也會將最新的
情況告訴作者。

當畫家提交了所有插圖後，設計師就會審閱插圖的位置，並添加文字。
她需要選擇一種符合該圖書感覺的字體。

古典字體？

不。

捲曲家體？

不。

清晰？
易讀？

很好，就是這個了！

現在，它開始看起來像一本真正的書了。

我不是自誇，這個版面設計真是相當好呀！

不過，要成為一本好書，還需取決於它的封面。
封面向讀者展示了整本書所帶出的訊息……並要
吸引人購買。設計師，要打醒精神了！

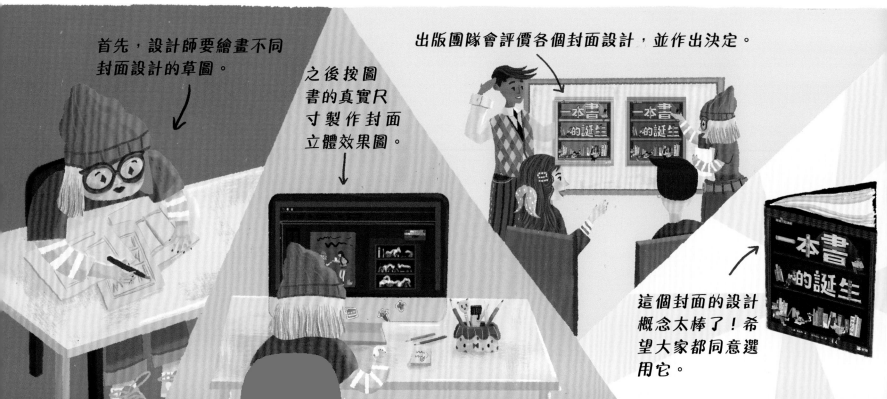

首先，設計師要繪畫不同封面設計的草圖。

之後按圖書的真實尺寸製作封面立體效果圖。

出版團隊會評價各個封面設計，並作出決定。

一本書的誕生

這個封面的設計概念太棒了！希望大家都同意選用它。

幾天後，在一個封面設計的會議上……

接下來，圖書會進行最後的修飾。
例如：

襯紙
（在圖書的最前和最後）

書名頁，或稱扉頁

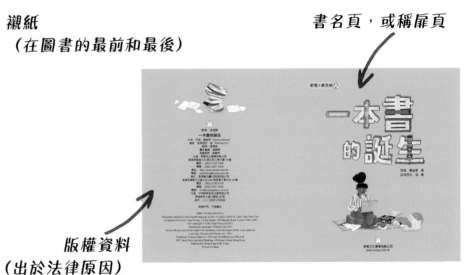

版權資料
（出於法律原因）

特別的印製效果
（有些書會採用具
質感的封面，以提
高它在貨架上的吸
引力）

校對

錯字

經過許多檢查後，是時候準備印刷的電子檔案了（這意
味着需要更多檢查工作）。大家要做好準備呀！

當你關注着設計師電腦上的工作時（他們不喜歡你這樣做呢），她正在檢查一些東西：

確保圖像沒有超出頁面而被裁去。

圖像的解析度高嗎？否則看起來會模糊的。

檢查文字和插圖是在不同的分層。

我需要更低的價格，謝謝！

我需要它更快完成印刷，謝謝！

還有不要忘記訂購足夠數量的紙張！

在圖書進行設計的同時，製作總監正在趕忙尋找適合的印刷廠來印刷這本精彩的圖書。她還要確保每個人都知道出版進度！

截稿日期

時間表

3月

最後最後限期！

12

現在，所有東西都準備好，是時候將這本精彩的圖書送往印刷了。
設計師將她的電子檔案傳送到製版廠。這本書的製版廠在英國！
然後，等他們傳送回來的……

打稿！ 太好了！

這些打稿不包括任何特別的印製效果。

打稿會印刷成像圖書最終的模樣，讓每個人都可以檢查是否有需要修改的插圖及文字。

頁面是摺疊而成，但可以翻揭。

打稿由設計師傳遞……

我們可以改用啞粉紙嗎？

給編輯……

文字可以縮小一些。

給畫家……

第7頁的插圖看起來有點被壓扁了，它需要更多的空間。

給作者……

嘩！沒有什麼需要改動。

然後，他們將會交給……

……版權總監。她在很遠很遠的地方。真的！她與版權團隊的其他成員一起參加了國際書展。

噓——這是我們向世界各地的出版社展示圖書的地方，看看他們會不會願意用自己地方的語言來出版這些圖書。他們有什麼想法呢？

這些是出版社在書展上推銷新書的海報。

這是一場正在進行的版權交易。

這是一本精彩的圖書，關於一本書的誕生。

真是個出色的構思！

他是來自巴西的出版人。

聽完介紹，他很喜歡這本圖書。接下來就是下面的這些版權程序：

首先，出版人閱讀打稿和判斷他的顧客會不會喜歡它。

唰！

接着，他會把圖書帶到自己出版社的選題會議上。如果他希望購買這本書的版權用作出版，他需要公司裏的所有人同意。

然後，他同意與這本書的版權團隊簽訂合約。

書中的文字會傳送給翻譯員。之後，他們的設計師會將文字檔案排版，準備印刷。

我們計劃印刷20,000本，謝謝！

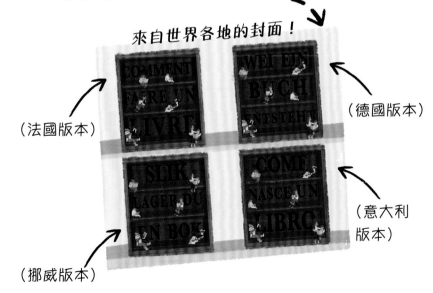

來自世界各地的封面！

（法國版本）

（德國版本）

（挪威版本）

（意大利版本）

不過，先回到現在！當版權團隊正在向其他出版社推銷的同時……

銷售團隊正在做他們最擅長的事（提示在團隊的名稱中）。

有些銷售人員會直接向客戶推銷。這些銷售代表會藉此機會了解客戶和他們具體需要什麼，然後為他們提供專門的圖書建議。

一些出版社也會付費推廣他們的圖書，就像這樣：

這時，整個出版團隊都很努力，盡可能地將這本書送到更多讀者的手中。

市場部團隊創作了一些推廣內容，在電子書店上展示圖書。

編輯和設計團隊製作了一本電子書。

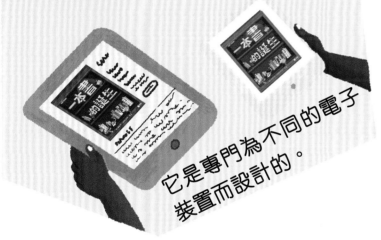

銷售團隊向電影公司推銷這本書。

宣傳團隊將打稿寄給書評人，以便他們在線上分享自己對這本書的評論。

現在每個人都在談論這本書！

這樣正好，因為設計師已準備好將電子檔案傳送到中國的印刷廠。

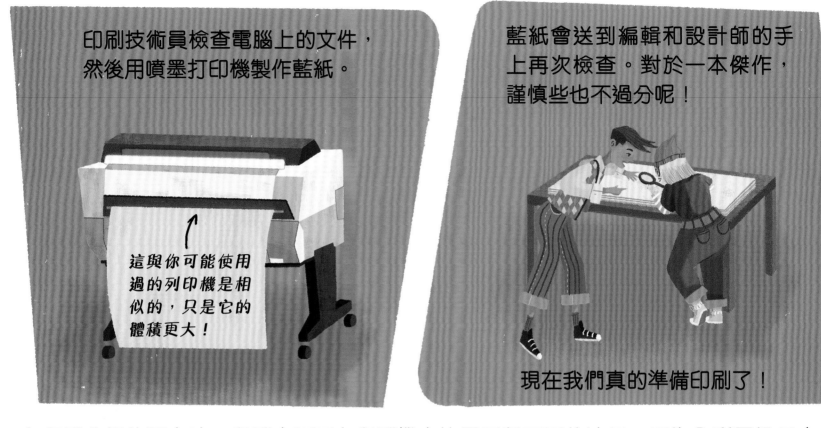

印刷技術員檢查電腦上的文件，然後用噴墨打印機製作藍紙。

這與你可能使用過的列印機是相似的，只是它的體積更大！

藍紙會送到編輯和設計師的手上再次檢查。對於一本傑作，謹慎些也不過分呢！

現在我們真的準備印刷了！

在印刷我們的圖書時，印刷廠需要在印刷機中使用四種不同的油墨，因為全彩圖像是由四層顏色和一層文字所組成的。

這些分層在不同的印版上彼此重疊地印刷。

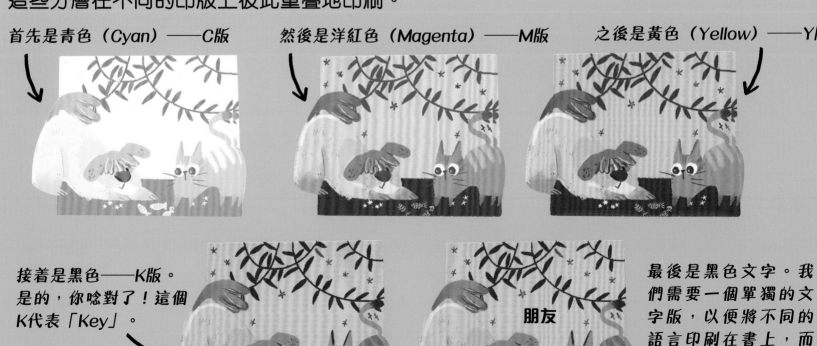

首先是青色（Cyan）——C版

然後是洋紅色（Magenta）——M版

之後是黃色（Yellow）——Y版

接着是黑色——K版。是的，你唸對了！這個K代表「Key」。

朋友

最後是黑色文字。我們需要一個單獨的文字版，以便將不同的語言印刷在書上，而不需要變換其他版。

印刷技術員需要從電腦中取出這些分層的檔案，並將它們變成一本真正的書。

但怎樣做呢？
這是什麼魔法？
來看看吧！

這個過程稱為電腦直接製版，簡稱CTP(computer-to-plate)。

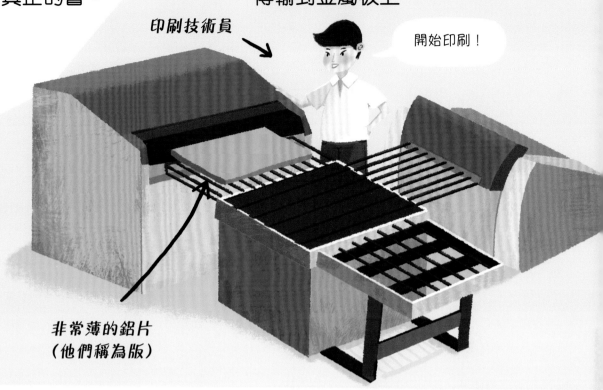

這部機器使用鐳射將電腦檔案傳輸到金屬板上。

印刷技術員

開始印刷！

非常薄的鋁片（他們稱為版）

除了版之外，我們還需要很多很多紙張。

看看這些巨大的紙卷！它們是從倉庫取出來的……

然後用裁切機切割。

現在，讓我們印一些書吧！

是時候來到焦點了——印刷機！
這是機器內部正進行的事……

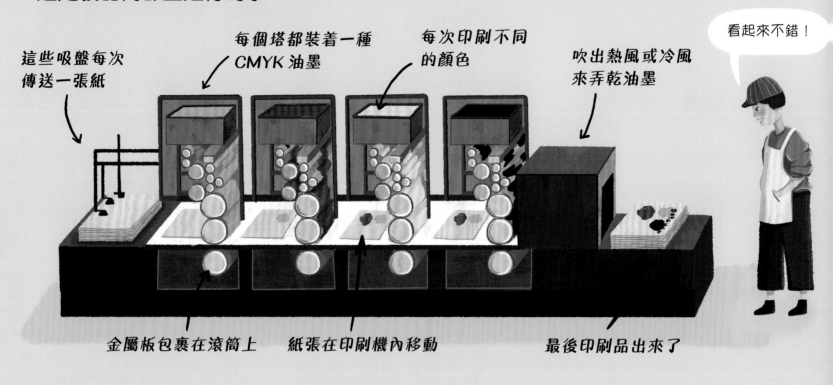

這些吸盤每次傳送一張紙

每個塔都裝着一種CMYK油墨

每次印刷不同的顏色

吹出熱風或冷風來弄乾油墨

看起來不錯！

金屬板包裹在滾筒上

紙張在印刷機內移動

最後印刷品出來了

在這些紙張和最終完成印刷的圖書之間，只剩下一步之差。看看接下來會發生什麼事吧！

這些印刷的紙張很大，上面印有一排排這本精彩圖書的內頁。

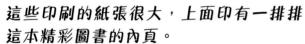

這機器將紙張摺疊

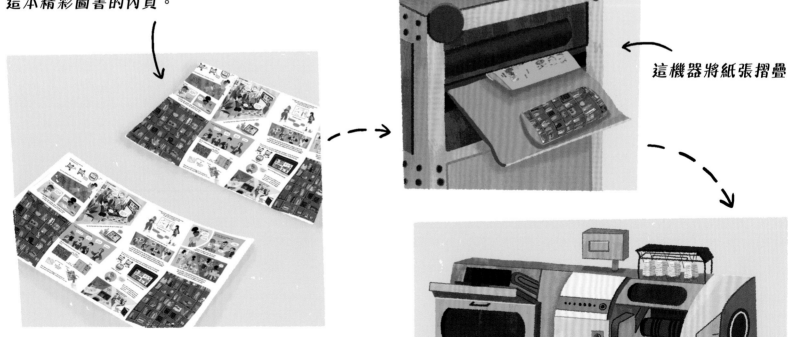

然後，這部看起來很厲害的機器將一疊疊紙張裝訂成多個部分（我們的圖書是穿線的，所以它就像一部巨大的縫紉機！）

封面是單獨印刷、裱膠和添加印製效果（例如燙金或閃粉）。

最後，將書脊摺起來。

對於平裝書，封面直接印刷在卡紙上；對於精裝書，封面首先印刷在紙上，然後黏在紙板上。

已裝訂的內頁會黏貼在封面裏。看看！這是一本閃亮、新穎和最精彩的圖書。

當所有圖書都完成印刷後，小部分樣書會被送到出版社。在包裝和運送其餘圖書前，印刷廠要確保這些圖書是完美的。圖書寶寶，旅途上注意安全啊！

樣書是由飛機送來的，然後在大約
一周後……

圖書已送到出版團隊的手上。編輯和設計師會仔細檢查，
但重要的事要先做……
來起舞狂歡吧！

編輯現在將樣書寄給作者和畫家。
到處都是曲奇餅！

辛勞的工作快將完成，但只有僅僅足夠的時間進行宣傳活動，告訴人們這本書即將出版，還有……

出版團隊、作者和畫家會參與圖書的宣傳，他們會在網上發布帖文、走訪學校或圖書館。有時甚至還有讀者聚會！

同時，製作總監會確保其餘的圖書已經……

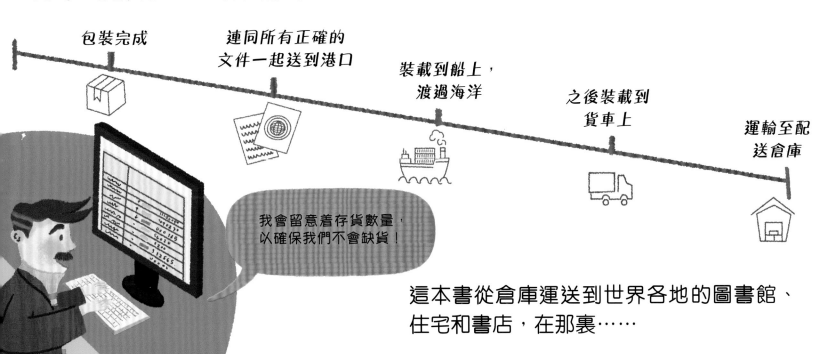

包裝完成

連同所有正確的
文件一起送到港口

裝載到船上，
渡過海洋

之後裝載到
貨車上

運輸至配
送倉庫

我會留意着存貨數量，
以確保我們不會缺貨！

這本書從倉庫運送到世界各地的圖書館、
住宅和書店，在那裏……

你可以拿起它，並享受**閱讀**！

這就是《一本書的誕生》背後的魔法。
想一想，這一切都源自一個精彩的想法……

嘿！我又有一個新書構思了！